BEI GRIN MACHT SICH IHR WISSEN BEZAHLT

- Wir veröffentlichen Ihre Hausarbeit, Bachelor- und Masterarbeit

- Ihr eigenes eBook und Buch - weltweit in allen wichtigen Shops

- Verdienen Sie an jedem Verkauf

Jetzt bei www.GRIN.com hochladen und kostenlos publizieren

Bibliografische Information der Deutschen Nationalbibliothek:

Die Deutsche Bibliothek verzeichnet diese Publikation in der Deutschen National-
bibliografie; detaillierte bibliografische Daten sind im Internet über http://dnb.d-
nb.de/ abrufbar.

Impressum:

Copyright © 2015 GRIN Verlag, Open Publishing GmbH
Druck und Bindung: Books on Demand GmbH, Norderstedt Germany
ISBN: 978-3-668-14337-1

Dieses Buch bei GRIN:

http://www.grin.com/de/e-book/314399/gemeinsame-agrarpolitik-der-europaeischen-
union-internationaler-einfluss

Alessandra Böck

Gemeinsame Agrarpolitik der europäischen Union. Internationaler Einfluss der Reform 2014-2020

GRIN Verlag

Gemeinsame Agrarpolitik der europäischen Union

Internationaler Einfluss der Reform 2014-2020

Prüfungsleistung im Modul
„Ernährungssituation und Ernährungspolitik"

Kurzfassung

Die Gemeinsame Agrarpolitik regelt die Ausübung der Landwirtschaft in allen europäischen Ländern. Sie soll das Funktionieren der Ernährungsindustrie gewährleisten und Vorteile für alle EU-Bürger, Landwirt, als auch Nichtlandwirt, mit sich bringen. Dies geschah bisher jedoch gekoppelt an negative Auswirkungen für Menschen in Entwicklungsländern, wie Staaten in Afrika. Die Agrarpolitik ist nicht als klassische Sektorpolitik zu bewerten. Sie ist viel mehr als gesellschaftspolitischer Faktor anzusehen, der sich nicht nur an den Interessen des Landwirtschafts- als auch Ernährungssektors tätigen Personen orientieren kann. Die Agrarpolitik ist zudem an verbraucherpolitische, entwicklungspolitische, handelspolitische und umweltpolitische Elemente geknüpft. Die Auswirkungen der Gemeinsamen Agrarpolitik der EU ziehen vielfältige Bedeutungen für die Welternährung, den Klimaschutz, die biologische Vielfalt, die Landschaftsgestaltung, und den internationalen Handel nach sich. Die europäische Landwirtschaft muss nicht nur die Produktion sicherer, hochwertiger Lebensmittel steigern, sondern auch die Grundlage der landwirtschaftlichen Erzeugung, die natürlichen Ressourcen, schonen. Die europäische Union, als weltweit größter Exporteur von landwirtschaftlich hergestellten Produkten, darf sich seiner internationalen Verantwortung nicht entziehen. Die neue Reform der Agrarpolitik für den Finanzierungsrahmen 2014-2020 muss daher nicht nur ökonomische, sondern auch ökologische und gesellschaftliche Ziele erfüllen können.

Abstract

The Common Agricultural Policy governs the exercise of the agriculture in all European countries. It should ensure the functioning of the food industry and bring benefits to all EU citizens, farmers, and non-farmers. This has happened so far, however, linked to negative effects on people in developing countries, such as states in Africa. The agricultural policy is not to be regarded as classical sector policy. It is much more a sociopolitical factor, which can not be based only on the interests of persons engaged to the agricultural and food sector. Agricultural policy is also linked to consumer policy, development policy, trade policy and environmental elements. The impact of the EU Common Agricultural Policy attract diverse meanings for the world's food, climate change, biodiversity, landscaping, and international trade by themselves. European agriculture must not only ensure the production of safe, quality food, but also safe the basis of agricultural production, natural resources and climate protection. The European Union, as the world's largest exporter of agricultural products should be aware of its international responsibility. The new reform of agricultural policy for 2014-2020 must therefore not only aim economic but also ecological and social goals.

Inhaltsverzeichnis

1. Einleitung

Die Gemeinsame Agrarpolitik der Europäischen Union, kurz GAP, verknüpft die Landwirtschaft mit der Gesellschaft, sowie Europa mit den Landwirten. Hauptziel der GAP ist es, die Produktivität in der Landwirtschaft zu optimieren, mit dem Ergebnis die Verbraucher besser und kostengünstig mit Nahrungsmitteln zu versorgen. Weiterhin soll sichergestellt werden, dass die Menschen die in der Landwirtschaft tätig sind, ein angemessenes Einkommen beziehen können. Heutzutage, knapp 50 Jahre später, muss die Europäische Union, kurz EU, weitere Herausforderungen meistern. In den bisherigen Zielen muss ebenfalls die Gewährleistung einer Nahrungsmittelsicherheit berücksichtigt werden, da die Weltbevölkerung bis 2050 auf ca. 9 Milliarden Menschen ansteigen wird. Ebenso muss die GAP so ausgelegt sein, dass ein nachhaltiger Umgang mit natürlichen Ressourcen erfolgt. Klimawandel, Landschaftspflege und der Erhalt der Wirtschaft im ländlichen Raum müssen ebenso bedacht und mit einbezogen werden. Um diesen Herausforderungen gewachsen zu sein, hat die Europäische Union die Gemeinsame Agrarpolitik eingeführt, die Bedingungen schaffen soll, die es der Landwirtschaft möglich macht, ihre Hauptaufgabe der Gesellschaft gegenüber zufriedenstellend zu bewerkstelligen: das Erzeugen von Nahrungsmitteln. Durch die Leistungen der GAP können die Bürger Europas Ernährungssicherheit genießen (Europäische Kommission 2014: 3). Im Folgenden soll die Gemeinsame Agrarpolitik sowie deren Wandel seit Bestehen beleuchtet werden. Weiterhin wird aufgezeigt, welche Auswirkungen die europäische Agrarpolitik auf internationaler Ebene hat. Zudem soll die neue Reform für die Periode von 2014-2020 beschrieben werden. Für das Ziel einer nachhaltigen Landwirtschaft werden die Inhalte des Weltagrarberichts bearbeitet und ein Lösungsansatz für eine multifunktionale wie auch nachhaltige Landwirtschaft gegeben. Hauptaugenmerk wird hier auf die Förderung der kleinbäuerlichen Landwirtschaft gelegt. Am Ende der Arbeit werden wichtige Fakten nochmals wiedergegeben und zugleich ein Fazit abgeleitet.

2. Methodik

Die Grundlage vorliegender Arbeit zum Thema „Gemeinsame Agrarpolitik der europäischen Union" basiert auf einer umfangreichen Literaturrecherche. Hierzu wurden fast ausschließlich digitale Belege verwendet. Die einzig analoge Quelle, „Handbuch Welternährung", wurde an gewissen Stellen zur Ergänzung herangezogen. Internetquellen konnten mit Hilfe von Google Scholar ausfindig gemacht werden.

Weiterhin wurden Quellen genutzt, die in der Lernplattform moodle für das Modul „Entwicklungssituation und Ernährungspolitik" für das Thema Agrarpolitik zur Verfügung gestellt wurden. Die Verwendung von hauptsächlich digitalen Quellen, lässt sich dadurch rechtfertigen, dass bei der Suche nach geeigneter Literatur die Aktualität ein wichtiges Kriterium war und über das Internet ausreichend wissenschaftliche Quellen ausfindig gemacht werden konnten. Im Suchportal von Google Scholar wurde zunächst mit dem Schlagwort „Agrarpolitik" nach geeigneter Literatur gesucht. Die einzelnen Vorschläge wurden durchgearbeitet und für geeignet befundene Quellen für die Ausarbeitung der Arbeit gespeichert. Eine zweite und weitere Literaturrecherchen erfolgten nach dem Schneeballprinzip in Google Scholar mit weiteren Schlagwörtern wie „Landwirtschaft" sowie „GAP". Nach gründlichem Einlesen und Sortierung der Literatur wurde eine Gliederung erstellt. Diese Vorgehensweise erleichterte die spätere Erstellung der Arbeit immens, da die einzelnen Punkte der Reihe nach abgearbeitet werden konnten. Eine Übersicht über alle verwendeten Quellen befindet sich im Literaturverzeichnis am Ende der Hausarbeit. Die Quellenauflistung erfolgte manuell, ohne Verwendung von Programmen wie Citavi.

3. Theoretische Grundlagen

3.1. Agrarpolitik

„Die Agrarpolitik ist die Gesamtheit der staatlichen Maßnahmen zur Regelung und Förderung der Landwirtschaft" (Bibliographisches Institut GmbH 2013). In Industriestaaten, ist eine freie Preisbildung in der Landwirtschaft nicht möglich. Ein Interessensausgleich der Bauern - möglichst hohe Erzeugerpreise, und der Nichtbauern - möglichst niedrige Verbraucherpreise, ist so nicht gleichzeitig zu vereinbaren. Die für einheimische, landwirtschaftliche Produkte erzielbaren Preise auf dem freien Markt bei freier Einfuhr würden die Erzeugerkosten nicht decken. Der Agrarmarkt wird daher in allen hoch industrialisierten Staaten durch Marktordnungen kontrolliert. So werden zum Beispiel Mindestpreise für Agrarprodukte festgelegt und Bauern die Abnahme ihrer erzeugten Produkte zu diesen Preisen garantiert. In den Ländern der europäischen Union erfolgt dies durch eine Gemeinsame Agrarpolitik (Bundeszentrale für politische Bildung 2013).

3.2. Gemeinsame Agrarpolitik der europäischen Union

Die Grundlage der Gemeinsamen Agrarpolitik wurde Ende der 1950er Jahre gestellt (Bundeszentrale für politische Bildung 2013). Ziel der europäischen Agrarpolitik ist das Funktionieren einer Ernährungsindustrie, die im hohen Maße wettbewerbsfähig ist.

Diesbezüglich soll ein kostengünstiger Zugang zu landwirtschaftlichen Rohstoffen sichergestellt werden. Möglich gemacht wird dies im Rahmen der GAP, indem leistungsstarke Betriebe gefördert werden. Dies geschieht unter anderem durch die Reduzierung von Produktionskosten oder der Preisstützung, sowie der Ausweitung des Angebots. Die europäische Union ist seit 2003 der größte Exporteur von agrarwirtschaftlich erzeugten Produkten im weltweiten Vergleich. Vor den USA und Brasilien exportiert die EU den größten Anteil verarbeiteter Nahrungsmittel und Schweinefleisch. Hinsichtlich Milch- sowie Geflügelprodukte ist die EU der zweitstärkste, Weizen betreffend drittstärkster Exporteur weltweit. Die Ernährungsindustrie in der europäischen Union ist hinsichtlich des Umsatzes – 2007 belaufen sich die Zahlen auf 913 Milliarden Euro – der größte Sektor der verarbeitenden Industrie und stellt noch vor der Automobil- und Chemiebranche mit rund 4,3 Millionen Beschäftigten die größten Arbeitnehmerzahlen in Deutschland (Oxfam Deutschland 2013: 1).

3.3. Agrarpolitik in Deutschland

Agrarpolitische Systeme sind seit Jahrzenten der größte vergemeinschaftete Bereich der Politik der EU und damit fallen die wesentlichen Entscheidungen über die Gestaltung von Agrarpolitik in Deutschland auch auf die Ebene der europäischen Union. Ziele deutscher Agrarpolitik sind seit mehr als 50 Jahren unverändert im Landwirtschaftsgesetz verankert (Weingarten 2010: 6). Nach Paragraph 1 des Gesetzes, soll die Teilnahme der Landwirtschaft an der volkswirtschaftlichen Entwicklung sowie eine bestmögliche Versorgung der Bevölkerung mit Ernährungsgütern gesichert werden. Des weiteren sollen naturbedingte und wirtschaftliche Nachteile in der Landwirtschaft ausgeglichen werden und die Produktivität gesteigert werden. Die soziale Lage der Menschen die in der Landwirtschaft tätig sind, soll an die soziale Lage vergleichbarer Berufsgruppen angepasst sein. Umwelt-, Tier- und Naturschutz als auch der Verbraucherschutz kommen in diesem Gesetz nicht zur Sprache. Heute kommt diesen Aspekten für die Agrarpolitik jedoch wichtige Bedeutung zu und so soll auch das Landwirtschaftsgesetz diesbezüglich modifiziert werden (Weingarten 2010: 6-7).

4. Europas Landwirtschaft im Wandel der Zeit

Im Jahr 1957 wird mit dem Vertrag von Rom die Europäische Wirtschaftsgemeinschaft, der Vorläufer der heutigen Europäischen Union, von sechs westeuropäischen Ländern gegründet (Europäische Kommission 2014: 5). Einige Jahre später, 1962, wird die Gemeinsame Agrarpolitik verabschiedet, welche die Gesellschaft mit günstigen Nahrungsmitteln versorgen und den Landwirten ein angemessenes Einkommen ermöglichen soll. 1984 waren die landwirtschaftlichen Betriebe in der EU so produktiv, dass es zu großen Überschüssen kommt. Die daraufhin eingelagerten Lebensmittel häuften sich an, woraufhin unterschiedliche Maßnahmen eingeführt wurden, die die Produktionsgröße besser an die Bedürfnisse des Marktes anpassen sollten. 1992 liegt der Schwerpunkt der GAP weniger auf einer Unterstützung des Marktes, sondern viel mehr auf der Unterstützung von Produkten. Es folgen Direktbeihilfen an die Landwirte, welchen dadurch Anreiz für umweltfreundlicheres Wirtschaften gegeben wird. Ab 2003 wirkt die Agrarpolitik der EU auch unterstützend durch Einkommensbeihilfen. Durch die Reform werden die Direktzahlungen an die Landwirte von der Produktion entkoppelt. Landwirte können fortan eine Einkommensbeihilfe erhalten, wenn sie landwirtschaftliche Räume bewirtschaften und gewisse Vorschriften hinsichtlich der Nahrungsmittelsicherheit sowie des Umwelt- und Tierschutzes einhalten (Europäische Kommission 2014: 5). Die Gemeinsame Agrarpolitik der Europäischen Union wurde erst 2008 geringfügig umgestaltet, eine weitere Modifizierung stand für 2013 an. Die Ausmaße der Entscheidungen prägt die Agrarpolitik in der nächsten Finanzperiode in den Jahren 2014-2020 maßgeblich (Weingarten 2010: 6).

5. Landwirtschaft am Scheideweg: der Weltagrarbericht

Über einen Zeitraum von vier Jahren versuchen Hunderte von Experten die Frage, wie die Welt mit einer Bevölkerung von über 7 Milliarden Menschen in der Zukunft ernährt werden soll, zu beantworten. Welche Art von Landwirtschaft ist nötig, all diese Menschen zu ernähren, ohne nicht nur ökonomische, sondern auch ökologische Ziele zu erreichen, fragen sich Fachmänner und Fachfrauen aus allen Sparten und Disziplinen, die etwas mit dem Thema Landwirtschaft und Ernährung zu tun haben. Agrarwissenschaftler, Soziologen, Vertreter der Industrie und Nichtregierungsorganisationen versuchen unter Berücksichtigung aller Perspektiven, von armen Ländern als auch von reichen, von Männern als auch Frauen, im Projekt „Weltagrarbericht", welcher ähnlich wie der Weltklimarat, als neue Instanz für globale Ernährungsprobleme dienen soll, diese Frage zu beantworten (Busse 2010: 4-5).

Wie auch alle anderen Branchen der Wirtschaft, ist auch die industrialisierte Landwirtschaft globalisiert und daher ebenso anfällig für Krisen wie jede andere wirtschaftliche Sparte. Im Jahr 2008 kam es zu einem plötzlichen Anstieg der Lebensmittelpreise für Produkte wie Mais, Reis und Brot, was vor allem in Städten des Südens zahlreiche Hungerrevolten auslöste. Das Bewusstsein darüber, Hunger könnte ein Sicherheitsproblem werden, wurde geschaffen. In der Ausübung der Landwirtschaft ist allein daher eine Änderung gefragt und auch die Organisation des Zugangs zu Land, Wasser und Lebensmitteln bedarf einer neuen Anpassung. Die Botschaft, die der Weltagrarbericht übermittelt ist demnach, dass es so wie es bisher ausgestaltet wurde, nicht bleiben könne. Auf der einen Seite richtet die industrielle Landwirtschaft mit ihrer Produktionsweise irreparable Schäden an, auf der anderen Seite Hungern weltweit knapp eine Milliarde Menschen, mehr als jemals zu vor. Eine weitere Milliarde leidet an Mangel- und Fehlernährung. Etwa zwei Drittel der Menschen sind nur unzureichend mit Nährstoffen versorgt, was auf Monokulturen von Weizen, Reis und Mais zurückzuführen ist. Der Weltagrarbericht möchte die Versorgung mit Nahrungsmitteln der Hungernden dort sicherstellen, wo das Rückgrat der Welternährung sitzt: auf den Feldern der Kleinbauern. Die Höfe dieser Kleinbauern dürfen nicht mehr der direkten Konkurrenz von agrarindustriellen Betrieben unterworfen sein. Letztere ersetzen Menschen und Tiere seit Jahren durch Maschinen, Pestizide und Kunstdünger und erfreuten sich seit Jahrzenten so großer politischer und wirtschaftlicher Unterstützung, sodass sie immens davon profitieren konnten. Die Kleinbauern im Gegensatz, könnten die Welt ernähren, ohne die Agrarkultur langfristig zu gefährden. Dazu brauchen sie allerdings Zugang zu Land und regionalen Märkten. Robert Watson, Direktor des Weltagrarberichts und Chefwissenschaftler bei der Weltbank, warnt, die Kluft zwischen Reich und Arm würde weiter auseinandergehen und eine Ernährung aller Menschen wäre in 50 Jahren nicht mehr möglich, wenn es zu keiner Änderung in der Agrarpolitik komme. Die Lösung des Problems ist im Bericht die Multifunktionalität der Landwirtschaft. Agrarpolitik muss zukünftig bedenken, dass Landwirtschaft neben ökonomischen, auch ökologische und gesellschaftliche Ziele erreichen muss. Es bedarf einer Lösung, die die Ökosysteme der Landwirtschaft erhalten kann und es den Kleinbauern möglich macht, sich selbst zu ernähren (Busse 2010: 4-5).

6. Aggressive Agrarpolitik und ihre Folgen

6.1. Aggressive Agrarpolitik der europäischen Union

Die GAP ist seit ihrem Bestehen vielfältigen Reformen und Anpassungen unterzogen worden. Die Einführungen von Subventionen zur Marktordnung für fast alle landwirtschaftlich hergestellten Produkte, haben zusammen mit biologischem und technischem Fortschritt, exzessive Produktionsüberschüsse zur Folge. Daraus entstehende Kosten für Lagerung, Aufkauf, Exportstützung, Nahrungsmittelhilfe und –Vernichtung waren so hoch, dass der Finanzrahmen der EU gesprengt wurde. (Weingärtner, Trentmann 2011: 71). Die Einkommenswirkung sollte mit Einführung von Direktzahlungen im Jahr 1992 für landwirtschaftliche Betriebe optimiert werden. Mit der Reform 2003 wurden diese Direktzahlungen von der Produktion getrennt, an umweltschützende tierrechtliche Ziele geknüpft sowie an Lebensmittelstandards gebunden. Heute werden Umwelt-, Entwicklungs-, Struktur-, und Außerwirtschaftspolitik stärker miteinbezogen als in früheren Reformen der Gemeinsamen Agrarpolitik. Für die neue Reform zur GAP für die Jahre 2014-2020, setzt sich die Bundesregierung für eine Weiterentwicklung des europäischen Landwirtschaftsmodells ein. Das Modell soll die Wettbewerbsfähigkeit in der Landwirtschaft weiterhin gewährleisten und mit Leistungen für das Gemeinwohl verbinden. Weiterhin soll die Marktorientierung gestärkt und eine nachhaltige, ressourcenschonende Produktion gewährleistet werden. Die GAP soll hinsichtlich ihrer Kohärenz geprüft werden, um deren Stellung hinsichtlich der Bewältigung neuer Herausforderungen im Kontext Welternährung, bewerten zu können. Dies wird von vielen national und international tätigen Organisationen zu Umwelt und Entwicklung jedoch massiv kritisiert. Als Entwicklungsperspektive sei diese Forderung ungeeignet, um der europäischen Union als einflussreichsten Faktor auf dem Weltagrarmarkt gerecht zu werden. Subventionen und Differenzierungen von Produkten auf Teilmärkten, würden die Weltagrarmärkte maßgeblich unter Druck setzen und im Zusammenspiel mit bestehenden handelspolitischen Regelungen arme Kleinbauern die Existenzgrundlage nehmen. Dies hätte Hunger und Armut in vielen Entwicklungsländern zur Folge (Weingärtner, Trentmann 2011: 71-73).

6.2. Wettbewerbsverzerrende Handelshemmnisse

Ernährungssicherung kann durch multilaterale Handelsabkommen massiv gefährdet werden (Weingärtner, Trentmann 2011: 73- 76). Über Handelsabkommen in Entwicklungsländern wird der Abbau von Zollgebühren für Agrarprodukte, die in der EU produziert werden, forciert.

Dies hat zur Folge, dass es zu Marktstörungen in Entwicklungsländern kommt (Oxfam 2013). Regelungen über landwirtschaftliche Subventionen als auch Exportkredite lassen bisher Staatshandelsunternehmen und Nahrungsmittelhilfe zu. Zudem sind die Zölle niedrig, was zur Folge hat, dass die Entwicklungsländer ihre eigene Produktion weniger schützen und erhöhen. Exporte aus den USA und der EU, die subventioniert werden, überschwemmen Märkte in Afrika, Asien oder Lateinamerika. In Haiti oder Westafrika beispielsweise, ist importierter Reis billiger als regional hergestellter. Milchpulver aus dem Ausland in Bangladesch und Burkina Faso, sowie Rindfleischexporte nach Westafrika, stören die dortigen Märkte immens. Der Zugang der Bevölkerung zu adäquater Ernährung wird dadurch beeinträchtigt und es entsteht eine Abhängigkeit der Importländer gegenüber dem Weltmarkt. Die Handels- und Agrarpolitik der europäischen Union schützt nicht nur ihre eigene Landwirtschaft und Agrarindustrie, sondern drängt Entwicklungsländer durch Handelsabkommen dazu, ihren Markt für europäische Produkte zu öffnen. Notwendig wäre es, Schutzklauseln in die Handelsverträge mit aufzunehmen, welche soziale Gerechtigkeit und eine nachhaltige Entwicklung weltweit sicherstellen (Weingärtner, Trentmann 2011: 73- 76).

7. Auswirkungen der EU-Agrarpolitik

Die Gemeinsame Agrarpolitik der europäischen Union führt auf den internationalen Agrarmärkten zu Problemen. Die GAP erhöhte die Produktion von Grundnahrungsmitteln wie Getreide, Milch und Fleisch in so großem Ausmaß, dass sich die EU selbst versorgen kann. Weiterhin ermöglichte dies, dass die EU einer der größten Nettoexporteure auf dem Weltmarkt wurde. Die gemeinsame Agrarpolitik trug maßgeblich zu einer Senkung der Weltmarktpreise für landwirtschaftliche Waren bei. Dieser Preisabfall hatte zur Folge, dass der Anbau von Grundnahrungsmitteln in vielen Entwicklungsländern nicht mehr rentabel war. Dies zog zu dem nach sich, dass die Regierungen betroffener Länder die kleinbäuerliche Produktion vernachlässigten. Die internationale Entwicklungshilfe unterstütze die Landwirtschaft zudem immer weniger, da der Import von Grundnahrungsmitteln eine günstige Alternative darstellte. Viele Entwicklungsländer wurden somit zum Nettoimporteur von Lebensmitteln. Dadurch wurde die Problematik von Hunger und Unterernährung in diesen Ländern jedoch nicht gelöst, sondern eher verschlimmert. Die Zahl der hungernden Menschen ist weltweit nach der Nahrungsmittelpreiskrise 2007 und 2008 und der anschließenden Weltwirtschaftskrise noch weiter angestiegen. In den 1990er Jahren wurden die Reformen der GAP weitergeführt und die Problematik, die die EU auf dem Weltmarkt verursachte etwas verringert, jedoch nicht gänzlich beseitigt (Misereor e. V. 2011: 27).

Direkte Exportsubventionen wurden gesenkt, da die Garantiepreise erniedrigt wurden, wodurch sich die Rate der Nettoexporte der EU verringert hatte. Ausgleichzahlungen für Betriebe und Anbauflächen, machen es den Landwirten jedoch möglich, ihre Produkte zu vermarkten, ohne die vollen Kosten die bei der Produktion anfallen, zu decken. Dies hat zur Folge, dass die europäische Lebensmittelindustrie Zugang zu günstigen Rohstoffen hat. Dadurch kann die EU die hergestellten Produkte auch ohne erhaltene Exportsubventionen weiterhin günstig auf dem Weltmarkt anbieten (Misereor e. V. 2011: 27). Neben den direkten Exportsubventionen, fördert die EU durch Direktzahlungen und Investitionsförderungen den Export von Agrarprodukten. Es kommt immer noch zu einem erheblichen Überschuss in der Produktion, was zu einem erhöhten Export, besonders von Milchprodukten und Schweinefleisch zu tragen kommt. Weiterhin importiert die EU massiv Futtermittel, beispielsweise Soja. In den Produktionsländern hat dies Landkonflikte und die Verdrängung kleinbäuerlicher Familien zur Folge. Zudem wird für den erhöhten Bedarf an Futtermitteln in der EU massiv Regenwald abgeholzt. Der gesteigerte Anbau von Soja in Entwicklungs- und Schwellenländern geschieht zu Lasten der Grundnahrungsmittelproduktion. Die GAP fördert den Verlust von Artenvielfalt, die Nitratverseuchung des Grundwasser und die Entwässerung von Mooren und Feuchtwiesen. Bodenerosionen und nicht artgerechte Massentierhaltung sind weitere Folgen. Allein in Deutschland ist die Landwirtschaft für 13 Prozent aller Treibhausgasemissionen verantwortlich. Es ist auch aus entwicklungspolitischer Sicht sinnvoll, ein System für Subventionen zu gewährleisten, welches sich für bäuerliche, regionale, ökologische und tiergerechte Landwirtschaft einsetzt (Oxfam 2013).

8. Herausforderungen für die Agrarpolitik

Die Gemeinsame Agrarpolitik wurde seit dem Jahr 1992 mehrfach durch Reformen abgeändert. Die Ausrichtung des landwirtschaftlichen Sektors auf dem Markt und die Einkommensstützung der Erzeuger gewannen dadurch an mehr Gewichtung. Die neue Reform bleibt auf diesem Weg, unterstützt weiterhin die Erzeuger und die Erzeugung und geht nunmehr auf einem flächenorientierteren Ansatz über. Dadurch reagiert die Agrarpolitik auf die Herausforderungen, welchen der Agrarsektor unterliegt. Neben wirtschaftlichen Herausforderungen wie Versorgungssicherheit, Globalisierung und einem nachlassendem Produktionswachstum steht die Politik auch vor ökologischen Herausforderungen. Ressourcen sollen effizient genutzt werden, die Boden- und Wasserqualität soll durch die Landwirtschaft nicht leiden müssen und die biologische Vielfalt soll geschützt werden (European Union 2013: 2).

Hinzu kommen Schwierigkeiten territorialer Art, wie demografische, wirtschaftliche und soziale Entwicklung die zu Lasten ländlicher Gebiete fallen. Mit eingeschlossen die Landflucht und die Verlagerung von Unternehmen (European Union 2013: 2). Wesentliche Ziele der neuen Agrarreform sind die rentable Erzeugung von Nahrungsmitteln, eine nachhaltige Bewirtschaftung der natürlichen Ressourcen und der Klimaschutz als auch eine ausgewogene räumliche Entwicklung (EKD 2011: 6). Um diese Ziele zu erreichen, mussten die Instrumente der GAP dahingehend angepasst werden. Die europäische Landwirtschaft muss nicht nur die Produktion sicherer, hochwertiger Lebensmittel steigern, sondern auch die Grundlage der landwirtschaftlichen Erzeugung, die natürlichen Ressourcen, schonen. Dies kann nur in einem wettbewerbsfähigen sowie rentablen Agrarsektor mit einer funktionierenden Lebensmittelversorgungskette umgesetzt werden. Dieser soll zudem die ländliche Wirtschaft erhalten. Um die Ziele langfristig einzuhalten, müssen die verfügbaren Mittel für die Umsetzung zielgerichtet eingesetzt werden (European Union 2013: 2-3).

9. Neue Reform der EU-Agrarpolitik

Die Agrarpolitik ist zentrales Element der europäischen Integration. Für deren Koordinierung werden über 40 Prozent des EU-Haushaltes verwendet. Die Agrarsubvention war bei den Verhandlungen über den Finanzierungsrahmen der europäischen Union von 2014-2020 eines der wichtigsten Kriterien (Europäisches Parlament 2013). Hintergrund der Diskussion um eine neue Reform der Agrarpolitik ist der wachsende Hunger sowie instabile Weltmärkte. Die Agrarindustrie und große Bauernverbände orientieren sich dabei forthin an den Weltmärkten. Die Hoffnung auf gesteigerte Exportchancen, insbesondere von Fleisch und Milchprodukten, als auch verarbeiteten Lebensmittel wie Gebäck und Süßwaren ist groß. Um eine globale Wettbewerbsfähigkeit sicher zu stellen, soll in Zukunft nicht mehr auf direkte Exportsubventionen zurückgegriffen werden (Misereor e.V. 2011: 8). Am 26. Juni 2013 einigten sich die Kommission, der Rat und das Europaparlament für die neue Auslegung der Agrarpolitik (Europäisches Parlament 2013). Das bisherige zwei Säulen-Modell soll beibehalten werden. Dieses setzt sich aus Direktzahlungen an die Landwirte auf der einen, sowie allgemeinen Ausgaben zur Förderung ländlicher Räume auf der anderen Seite, zusammen (EDK 2011: 8). Beide Säulen bleiben erhalten, sollen aber enger miteinander verknüpft sein. Dies soll einen für die Förderpolitik ganzheitlicheren, integrierteren Ansatz gewährleisten (Europäische Kommission 2013).

Die wichtigsten Aspekte zur neuen Regelung betreffen junge Bauern, die mehr Gelder bekommen sollen. Des weiteren soll der Umweltschutz stärker subventioniert werden. Weitere Punkte sind gestärkte Landwirtschaftsverbände und weniger bürokratischer Aufwand bei Verteilung der Geldmittel (Europäisches Parlament 2013). Die neue Auslegung der GAP ist Ergebnis einer dreijährigen Diskussion und Reflexion. Erstmals in der Modifikation der Agrarpolitik wurden alle Elemente der Gemeinsamen Agrarpolitik auf den Prüfstand gestellt (Europäische Kommission 2013). Die neue Reform der GAP wurde zukunftsgerichtet modifiziert. Direktzahlungen sollen fairer und umweltgerechter sein. Sie soll den Erwartungen der Gesellschaft angepasst sein und wird allen EU-Bürgern weiterhin Vorteile bringen (Europäische Kommission 2014: 16). Die neue Reform ist besser für die Zukunft gewappnet, da sie effizienter ist und dazu beiträgt, die

Landwirtschaft in der europäischen Union nachhaltiger und wettbewerbsfähiger zu gestalten (European Union 2013: 1).

10. Die zwei Säulen

10.1.　Erste Säule

Die erste Säule der Gemeinsamen Agrarpolitik der EU ist die Förderung der Landwirtschaft. Die europäische Landwirtschaft soll mit der neuen Agrarreform nachhaltiger sowie ökologischer werden. Fördermittel, oder Direktzahlungen, die von der EU bereitgestellt werden, sollen stärker an Umweltmaßnahmen geknüpft seien (Bundesministerium für Landwirtschaft und Ernährung 2014). Mit der neuen Reform sind die Direktzahlungen in der ersten Säule an Landwirte an spezifische Ziele gebunden. Für die Zahlungen wurden sieben Komponenten festgelegt. Demnach erhalten die Landwirte, eine Grundprämie pro Hektar, welche gemäß regionaler, einzelstaatlicher oder verwaltungspolitischer Kriterien harmonisiert. Zudem gibt es eine „grüne" Komponente, die Kosten ausgleichen soll, die bei der Bereitstellung ökologischer öffentlicher Güter anfallen. Weiterhin gibt es eine zusätzliche Unterstützung für Junglandwirte. Die Komponente der Umverteilungsprämie kann bei der Bewirtschaftung der ersten Hektare gegeben werden. Zudem gibt es eine zusätzliche Förderung in Gebieten, die durch naturbedingte Einschränkungen geformt sind. Für bestimmte Bereiche landwirtschaftlicher Tätigkeiten aus wirtschaftlichen oder sozialen Gründen gibt es zudem gekoppelte Erzeugerbeihilfen. Letzte Komponente der ersten Säule ist ein vereinfachtes System für Kleinbetriebe der Landwirtschaft, die Zahlungen unter 1250 Euro erhalten. Die Zahlung der Grundprämie, der grünen Komponente und die Unterstützung der Junglandwirte ist für alle Mitgliedstaaten der EU obligatorisch, während die letzten vier Punkte freiwillig sind (Massot 2015).

Für Deutschland werden derzeit Geldmittel um die 5 Milliarden Euro jährlich für die erste Säule ausgeschüttet. Damit sind die Aufwendungen für die erste Säule immer noch das Herzstück der EU-Agrarpolitik. Leider haben viele Analysen gezeigt, dass die Gelder deren Auszahlung an die „grüne" Komponente geknüpft sind, wie beispielsweise Klimaschutz, nur geringe Beiträge liefern (Ischermeyer 2014: 9).

10.2.　Zweite Säule

Die zweite Säule der GAP fördert die ländliche Entwicklung. Hierzu soll die Wettbewerbsfähigkeit der Landwirtschaft gestärkt werden, eine nachhaltige Bewirtschaftung von natürlichen Ressourcen ermöglicht werden und die wirtschaftliche Kraft in ländlichen Räumen gefördert werden. Die zweite Säule soll die Maßnahmen der ersten Säule unterstützend ergänzen (Bundesministerium für Landwirtschaft und Ernährung 2014). Ziel der zweiten Säule der Gemeinsamen Agrarpolitik ist es, einen Rahmen zur Zukunftssicherung der ländlichen Räume zu gewährleisten. Neben der Lebensmittelerzeugung soll sichergestellt werden, dass Gemeinwohldienstleistungen erbracht werden können. Weiterhin sollen neue Einkommensquellen und Beschäftigungsmöglichkeiten erschlossen werden und Kultur und Umwelt ländlicher Räume bewahrt werden. Um die nachhaltige Entwicklung zu sichern, stehen sechs Schwerpunkte im Mittelpunkt. Neben der Förderung von Wissenstransfer und Innovation in der Land- und Forstwirtschaft ist es von Bedeutung, dass die landwirtschaftlichen Betriebe rentabel sind. Weiterhin soll die Wettbewerbsfähigkeit aller landwirtschaftlichen Bereiche in allen Regionen sowie die Förderung neuer Landwirtschaftstechnologien und nachhaltiger Forstwirtschaft zentrales Element sein. Die Verarbeitung und Vermarktung landwirtschaftlich hergestellter Produkte, die Organisation der Nahrungsmittelkette, der Tierschutz, die Wiederherstellung und Erhaltung und Verbesserung von Ökosystemen sind weitere wichtige Punkte der neuen Reform. Zudem soll sichergestellt werden, dass Ressourcen in der Landwirtschaft effizient genutzt werden und möglichst emissionsarm gewirtschaftet wird. In der Land-. Ernährungs- und Forstwirtschaft soll die soziale Eingliederung, die Armutsbekämpfung und die wirtschaftliche Entwicklung ländlicher Räume gefördert werden. Dem europäischen Landwirtschaftfonds wurden für die Förderung des ländlichen Raumes Geldmittel in Höhe von 85 Milliarden Euro bereitgestellt. Alle Mitgliedsstaaten der europäischen Union sind dazu verpflichtet, 30 Prozent der Mittel, die sie für die Förderung ländlicher Räume erhalten, für Maßnahmen in den Bereichen Bodenbewirtschaftung, Bekämpfung des Klimawandels, Gebiete mit naturbedingten Benachteiligungen und ökologischen Landbau aufzuwenden (Tropea 2015).

11. Lösungsansatz: Eine multifunktionale und nachhaltige Landwirtschaft

Die Agrarpolitik ist nicht als klassische Sektorpolitik zu bewerten. Sie ist viel mehr als gesellschaftspolitischer Faktor anzusehen, der sich nicht nur an den Interessen des Landwirtschafts- als auch Ernährungssektors tätigen Personen orientieren kann. Die Agrarpolitik ist zudem an verbraucherpolitische, entwicklungspolitische, handelspolitische und umweltpolitische Elemente geknüpft (EKD 2011: 9-10). Die Auswirkungen der Gemeinsamen Agrarpolitik der EU ziehen vielfältige Bedeutungen für die Welternährung, den Klimaschutz, die biologische Vielfalt, die Landschaftsgestaltung, und den internationalen Handel nach sich. Schlussfolgernd lässt dies die Aussage zu, dass Agrarpolitik von hoher Relevanz für die gesamte Gesellschaft auf nationaler als auch internationaler Ebene ist. Die GAP muss der vielfältigen Funktion der Landwirtschaft gerecht werden und gewährleisten, dass deren Bereitstellung von Gütern auch zukünftig in ausreichendem Maß erbracht werden können, aber auch negative Auswirkungen verringert oder beseitigt werden. Nach dem Weltagrarrat ist eine Landwirtschaft nur dann nachhaltig und multifunktional, wenn sie neben der Produktion gesunder Lebensmittel auch eine Schaffung von Einkommen und Arbeitsplätzen garantiert, Entwicklung ländlicher Räume ermöglicht, natürliche Ressourcen schont und Landschaftspflege als auch Klimaschutz fördert. Weiterhin soll die weltweite Ernährungssicherung und die Armutsbekämpfung unterstützt werden. Es ist notwendig, die GAP von ihrem vorrangigen Ziel der Wettbewerbsfähigkeit hin zu einer nachhaltigen Landwirtschaft zu modifizieren (EKD 2011: 9-10). Die Bedeutung der Landwirtschaft für die Armuts- und Hungerbekämpfung ist groß. Ungefähr drei Viertel der Hungernden weltweit leben in ländlichen Gebieten. Von diesen Menschen sind in etwa zwei Drittel Kleinbauern, die überwiegend nur für ihren Eigenbedarf produzieren. Problematisch ist, dass diese Familien jedoch häufig nicht genug ernten, um sich für das ganze Jahr zu versorgen, geschweige denn Vorräte anlegen können, um mögliche ertragsarme Ernten auszugleichen. Maßnahmen, welche die Produktivität dieser Kleinbauern kostengünstig und nachhaltig zu erhöhen, sind also bei der Bekämpfung von Hunger und Armut besonders wirksam. Der Internationale Fonds für ländliche Entwicklung folgert daraus, dass die Förderung der Produktion von Grundnahrungsmitteln diesbezüglich besonders relevant ist, um Hunger zu bekämpfen. Einerseits geben Menschen in armen Ländern einen Großteil ihres Einkommens für die Nahrungssicherung aus, anderseits sichert der Verkauf und die Produktion von Grundnahrungsmitteln ihr Einkommen (Misereor e.V. 2011: 7).

Die Landwirtschaft in armen Ländern, beispielsweise Afrika, wurde jedoch Jahrzehnte lang vernachlässigt. Durch niedrige Weltmarktpreise für Grundnahrungsmittel konnte die kleinbäuerliche Landwirtschaft in Afrika und anderen Entwicklungsländern sich einen Rückgang erlauben, ohne dass dies direkte negative Auswirkungen auf die Versorgungslage von städtischen Bevölkerungen hatte (Misereor e.V. 2011: 18) Die Frage, wer die Welt ernährt, sind es die kleinen Agrarbetriebe in südlichen Ländern oder eher die industrialisierte Agrarindustrie in Ländern des Nordens, kommt auf. Bisherige Erfahrungen, die durch die Förderung kleinbäuerlicher Betriebe hervorgehen, haben gezeigt, dass die Kapazitäten dieser Landwirtschaft noch nicht vollends ausgeschöpft sind (Weingärtner, Trentmann 2011: 53 - 55). Entwicklungsländer haben ein hohes Potenzial, ihre Nahrungsmittelproduktion zu steigern. Das diese Chance jahrelang nicht genutzt wurde, ist darauf zurückzuführen, dass davon ausgegangen wurde, globale, deregulierende Märkte würden einen ausreichenden Anreiz für die heimische Agrarwirtschaft bieten. Schuld an der Vernachlässigung haben nicht nur nationale Regierungen, sondern auch die internationale Gemeinschaft, die Investitionen in diesem Sektor in den letzten zwanzig Jahren stark verringerte. Durch die Agrarsubventionen von Industrieländern war der Markt mit wettbewerbsfähigen Billigprodukten ausreichend gesättigt. Dies hatte zur Folge, dass eine nationale und lokale Produktion von Grundnahrungsmitteln an Attraktivität verlor. Entwicklungsländer wurden von Nettoexporteuren zu Nettoimporteuren. Dies führte nicht nur dazu, dass die Menschen in den Entwicklungsländern ihre ursprünglichen Essgewohnheiten hin zu oft weniger nährstoffhaltigen Einfuhrprodukten umstellten, sondern verschlingt auch ein Vielfaches an nicht erneuerbaren Energien, um Produkte zu exportieren zu verpacken und herzustellen. Diese Politik, die GAP, wird erst heute in Frage gestellt, wo Preise für Grundnahrungsmittel auf den Weltmärkten in die Höhe schießen. Es ist wichtiger denn je, die Produzenten von Nahrungsmitteln in die schwankenden, von globalen Interessen gelenkten Märkte zu integrieren. In den letzten Jahrzenten wurde dies von den Produzenten, also den Kleinbauern, nicht angestrebt. Sie vermieden es, ein Risiko einzugehen um für den globalen Markt zu produzieren. Auch eine Förderung von Kleinbauern in den 80er und 90er Jahren hat keine nennenswerte Verbesserung gebracht. Eine Einzelstrategie ist nicht ausreichend um den gewünschten Erfolg zu erzielen. Es ist viel mehr eine globale Strategie notwendig, die auf lokaler Ebene ansetzt, um das Potenzial von Kleinbauern und nachhaltiger Landwirtschaft voll auszuschöpfen. Weiterhin muss ein notwendiger Rahmen geschaffen werden, um handels- und makroökonomische Aspekte dahingehend zu lenken, um Ressourcen für eine adäquate Verfügbarkeit von Nahrungsmitteln zu gewährleisten. (Weingärtner, Trentmann 2011: 53 - 55).

12. Zusammenfassung und Fazit

Die Gemeinsame Agrarpolitik der europäischen Union wurde seit ihrem Bestehen im Jahre 1962 mehrmals modifiziert. Die neue Auslegung der GAP für den Zeitraum 2014-2020 ist Ergebnis einer dreijährigen Diskussion und Reflexion. Hintergrund der Verhandlungen um eine neue Reform der Agrarpolitik, ist der wachsende Hunger sowie instabile Weltmärkte. Weltweit hungern knapp eine Milliarde Menschen. Eine weitere Milliarde leidet an Mangel- und Fehlernährung. Positiv zu bewerten ist, dass erstmals in der Modifikation der Agrarpolitik alle Elemente der Gemeinsamen Agrarpolitik auf den Prüfstand gestellt wurden. Neben ökonomischen Zielen, muss die neue Reform auch ökologische sowie gesellschaftliche Ziele erfüllen. Das bisherige zwei Säulen-Modell soll beibehalten werden. Dieses setzt sich aus Direktzahlungen an die Landwirte auf der einen, sowie allgemeinen Ausgaben zur Förderung ländlicher Räume auf der anderen Seite, zusammen. Die erste Säule der Gemeinsamen Agrarpolitik der EU ist die Förderung der Landwirtschaft. Die europäische Landwirtschaft soll mit der neuen Agrarreform nachhaltiger sowie ökologischer werden. Die zweite Säule der GAP fördert die ländliche Entwicklung. Hierzu soll die Wettbewerbsfähigkeit der Landwirtschaft gestärkt werden, eine nachhaltige Bewirtschaftung von natürlichen Ressourcen ermöglicht werden und die wirtschaftliche Kraft in ländlichen Räumen gefördert werden. Die neue Reform ist besser für die Zukunft gewappnet, da sie effizienter ist und dazu beiträgt, die Landwirtschaft in der europäischen Union nachhaltiger und wettbewerbsfähiger zu gestalten. Die beiden Säulen werden mit der neuen Reform enger miteinander verknüpft, was einen für die Förderpolitik ganzheitlicheren, integrierteren Ansatz gewährleistet. Positiv zu bewerten ist, dass die Landwirte mit der neuen Reform dazu verpflichtet werden, 30 Prozent der Geldmittel für die Förderung ländlicher Räume, für Maßnahmen in den Bereichen Bodenbewirtschaftung, Bekämpfung des Klimawandels, Gebiete mit naturbedingten Benachteiligungen und ökologischen Landbau aufwenden müssen. Dies kommt den Ziel einer nachhaltigeren Landwirtschaft zu Gute. Die Agrarpolitik ist keine klassische Sektorpolitik. Sie darf sich nicht nur an den Menschen, die in Landwirtschaft und im Ernährungssektor tätig sind orientieren, sondern an der gesamten Bevölkerung. Die Agrarpolitik ist zudem an verbraucherpolitische, entwicklungspolitische, handelspolitische und umweltpolitische Elemente geknüpft. Die Auswirkungen der Gemeinsamen Agrarpolitik der EU ziehen vielfältige Bedeutungen für die Welternährung, den Klimaschutz, die biologische Vielfalt, die Landschaftsgestaltung, und den internationalen Handel nach sich. Schlussfolgernd lässt dies die Aussage zu, dass Agrarpolitik von hoher Relevanz für die gesamte Gesellschaft auf nationaler als auch internationaler Ebene ist.

So muss das Ziel einer nachhaltigen Landwirtschaft nicht nur auf nationaler Ebene, oder EU-Ebene sondern auch auf internationaler Ebene erfüllt werden können. Nach dem Weltagrarrat ist eine Landwirtschaft nur dann nachhaltig und multifunktional, wenn sie neben der Produktion gesunder Lebensmittel auch eine Schaffung von Einkommen und Arbeitsplätzen garantiert, Entwicklung ländlicher Räume ermöglicht, natürliche Ressourcen schont und Landschaftspflege als auch Klimaschutz fördert. Die Bedeutung der Landwirtschaft für die Armuts- und Hungerbekämpfung ist groß. Ungefähr drei Viertel der Hungernden weltweit leben in ländlichen Gebieten. Von diesen Menschen sind etwa zwei Drittel Kleinbauern, die überwiegend nur für ihren Eigenbedarf produzieren. Problematisch ist, dass diese Familien jedoch häufig nicht genug ernten, um sich für das ganze Jahr zu versorgen, geschweige denn Vorräte anlegen können, um mögliche ertragsarme Ernten auszugleichen. Maßnahmen, welche die Produktivität dieser Kleinbauern kostengünstig und nachhaltig erhöhen, sind also bei der Bekämpfung von Hunger und Armut besonders wirksam. Eine Einzelstrategie ist jedoch nicht ausreichend um den gewünschten Erfolg zu erzielen. Es ist viel mehr eine globale Strategie notwendig, die auf lokaler Ebene ansetzt, um das Potenzial von Kleinbauern und nachhaltiger Landwirtschaft voll auszuschöpfen. Weiterhin muss ein Rahmen geschaffen werden, um handels- und makroökonomische Aspekte dahingehend zu lenken, Ressourcen für eine adäquate Verfügbarkeit von Nahrungsmitteln zu gewährleisten. Der Direktor des Weltagrarberichts, Robert Watson, warnt, dass eine Ernährung aller Menschen in 50 Jahren nicht mehr möglich ist, wenn es zu keiner drastischen Änderung in der Agrarpolitik kommt. Agrarpolitik muss zukünftig bedenken, dass Landwirtschaft neben ökonomischen, auch ökologische und gesellschaftliche Ziele erreichen muss. Es bedarf einer Lösung, die die Ökosysteme der Landwirtschaft erhalten kann und es den Kleinbauern möglich macht, sich selbst zu ernähren. Durch wettbewerbsverzerrende Handelshemmnisse kommt es in den Entwicklungsländern zu massiven Marktstörungen. Die Tatsache, dass die EU in armen Ländern durch Exportsubventionen ihre Produkte billiger anbieten kann als regionale Produzenten, führt zu einer Abhängigkeit der Importländer gegenüber den Weltmarkt. Weiterhin wurde die heimische Landwirtschaft in Afrika und anderen Entwicklungsländer über Jahrzehnte dadurch vernachlässigt. Die Reformpläne im Hinblick auf die internationale Verantwortung der europäischen Agrarpolitik sind leider etwas unbefriedigend. Die Kommission legte ausdrücklich fest, dass es notwendig sei, auf die zunehmenden Probleme der weltweiten Ernährungssicherheit einzugehen und dies als eine zentrale Herausforderung für die GAP-Reform 2014-2020 zu benennen. Die Vorschläge zur Reform blieben jedoch eher auf dem Binnenhorizont der europäischen Union beschränkt.

Der Frage nach der internationalen Verträglichkeit der GAP wird zu wenig Aufmerksamkeit beigemessen. Es sollte jedoch gewährleistet sein, dass die internationale Wettbewerbsfähigkeit der europäischen Landwirtschaft sich nicht nachteilig für Entwicklungsländer auswirkt. Die Erhöhung der Produktivität darf nicht zu Lasten natürlicher Lebensgrundlagen und der Ernährungssicherung von armen Ländern gehen. Die Tatsache, dass auch die neue Reform der GAP an einer Bekräftigung der Weltmarktorientierung ausgelegt ist, konkurriert jedoch mit dem Abbau für arme Länder schädliche internationale Handelsverzerrungen (EDK 2011: 8).

Literaturverzeichnis

Bischöfliches Hilfswerk MISEREOR e.V. (2011): *Studie. Wer ernährt die Welt? Die europäische Agrarpolitik und Hunger in Entwicklungsländern.* Online verfügbar unter http://www.misereor.org/fileadmin/redaktion/MISEREOR_Wer%20ernaehrt%20die%20 Welt.pdf. Zuletzt geprüft am 17.06.2015

Bundesministerium für Ernährung und Landwirtschaft (2014): *Gemeinsame Agrarpolitik der EU. 2014-2020.* Online verfügbar unter: http://www.bmel.de/SharedDocs/Downloads/Broschueren/Flyer-Poster/Flyer-GAP.pdf?__blob=publicationFile. Zuletzt geprüft am 17.06.2015

Bundeszentrale für politische Bildung (2013): *Duden Wirtschaft von A bis Z: Grundlagenwissen für Schule und Studium, Beruf und Alltag.* 5. Aufl. Mannheim: Bibliographisches Institut 2013. Lizenzausgabe Bonn: Bundeszentrale für politische Bildung 2013. Online verfügbar unter: http://www.bpb.de/nachschlagen/lexika/lexikon-der-wirtschaft/19271/europaeische-agrarpolitik. Zuletzt geprüft am 17.06.2015

Busse, Tanja in Landwirtschaft am Scheideweg (2010): *Landwirtschaft. Aus Politik und Zeitgeschichte.* Bundeszentrale für politische Bildung.

Bibliographisches Institut GmbH (2013): *Agrarpolitik, die.* Online verfügbar unter: http://www.duden.de/rechtschreibung/Agrarpolitik . Zuletzt geprüft am 17.06.2015

Europäische Kommission (2014): *Die Europäische Union erklärt: Landwirtschaft.* Luxemburg: Amt für Veröffentlichungen der Europäischen Union. 16 Seiten. Online verfügbar unter: http://ec.europa.eu/agriculture/cap-overview/2014_de.pdf. Zuletzt geprüft am 17.06.2015

Europäisches Parlament (2013): *Die Reform der EU-Agrarpolitik.* Online verfügbar unter: http://www.europarl.europa.eu/pdfs/news/public/focus/20110526FCS20313/20110526F CS20313_de.pdf. Zuletzt geprüft am 17.06.2015

European Union (2013): *Überblick über die Reform der GAP 2014-2020. Informationen zur Agrarpolitik.* Generaldirektion Landwirtschaft und ländliche Entwicklung, Referat Analyse der Agrarpolitik und Perspektiven.

Isermeyer, Folkhard (2014): *Künftige Anforderungen an die Landwirtschaft - Schlussfolgerungen für die Agrarpolitik.* Braunschweig : Thünen-Institut, Bundesforschungsinstitut für Ländliche Räume, Wald und Fischerei, 2014.

Kirchenamt der Evangelischen Kirche in Deutschland (EKD) (2011): *Leitlinien für eine multifunktionale und nachhaltige Landwirtschaft. Zur Reform der Gemeinsamen Agrarpolitik (GAP) der Europäischen Union.* Online verfügbar unter: http://www.ekd.de/download/ekd_texte_114.pdf. Zuletzt geprüft am 17.06.2015

Massot, Albert (2015): *Kurzdarstellung der europäischen Union. Die Elemente der GAP und ihre Reformen.* Online verfügbar unter: http://www.europarl.europa.eu/aboutparliament/de/displayFtu.html?ftuId=FTU_5.2.3.ht ml. Zuletzt geprüft am 17.06.2015

Massot, Albert (2015): *Die erste Säule der GAP: II — Direktzahlungen an Inhaber landwirtschaftlicher Betriebe.* Online Verfügbar unter: http://www.europarl.europa.eu/aboutparliament/de/displayFtu.html?ftuId=FTU_5.2.5.ht ml. Zuletzt geprüft am 17.06.2015

Oxfam Deutschland (2013): *Europäische Agrarpolitik. EU-Agrarreform 2013: entwicklungspolitische Kohärenz sicherstellen.* Online verfügbar unter: http://www.oxfam.de/sites/www.oxfam.de/files/CAP-Reform_0.pdf. Zuletzt geprüft am 17.06.2015

Tropea, Francesco (2015): *Die zweite Säule der GAP: Politik zur Entwicklung des ländlichen Raums.* Online verfügbar unter: http://www.europarl.europa.eu/aboutparliament/de/displayFtu.html?ftuId=FTU_5.2.6.ht ml. Zuletzt geprüft am 17.06.2015

Weingarten, Peter Agrarpolitik in Deutschland in Landwirtschaft (2010): *Landwirtschaft. Aus Politik und Zeitgeschichte.* Bundeszentrale für politische Bildung.

Weingärtner, Liboa; Trentmann Claudia (2011): *Handbuch Welternährung.* Bonn : Bundeszentrale für Polit. Bildung, 2011.